SOCIÉTÉ

DES

INGÉNIEURS CIVILS

FONDÉE LE 4 MARS 1848

Reconnue d'utilité publique par décret du 22 décembre 1860

— — —

DISCOURS

PRONONCÉS PAR

M. G. EIFFEL

PRÉSIDENT SORTANT

ET

M. V. CONTAMIN

PRÉSIDENT POUR 1890

A LA SÉANCE DU 3 JANVIER 1890

— — — — —

EXTRAIT DES MÉMOIRES DE LA SOCIÉTÉ DES INGÉNIEURS CIVILS

Janvier 1890

— — —

PARIS

10, Cité Rougemont, 10.

—

1890

SOCIÉTE

DES

INGÉNIEURS CIVILS

FONDÉE LE 4 MARS 1848

Reconnue d'utilité publique par décret du 22 décembre 1860

DISCOURS

PRONONCÉS PAR

M. G. EIFFEL

PRÉSIDENT SORTANT

ET

M. V. CONTAMIN

PRÉSIDENT POUR 1890

A LA SÉANCE DU 3 JANVIER 1890

EXTRAIT DES MÉMOIRES DE LA SOCIÉTÉ DES INGÉNIEURS CIVILS
(Janvier 1890)

PARIS
10, Cité Rougemont, 10.
—
1890

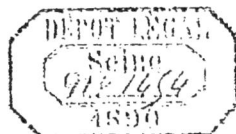

SOCIÉTÉ DES INGÉNIEURS CIVILS

DISCOURS

PRONONCÉS PAR

M. G. EIFFEL

PRÉSIDENT SORTANT

ET

M. V. CONTAMIN

PRÉSIDENT POUR 1890

Séance du 3 Janvier 1890

. . . .
. . . .

Discours de M. G. Eiffel

M. G. Eiffel, président sortant, prononce le discours suivant :

Mes chers Collègues,

Arrivé au terme du mandat que vous m'avez fait l'insigne honneur de me confier pendant cette année si importante pour tous, et particulièrement pour notre Société, de l'Exposition de 1889, j'ai, suivant l'usage, à vous rendre sommairement compte de nos travaux pendant le cours de cette année, qui, la quarante-deuxième de l'existence de notre Société, aura été, grâce à vous tous, l'une des plus brillantes.

Mais, avant tout, je dois rendre un pieux hommage au souvenir de ceux de nos membres que nous avons perdus et dont malheureusement le nombre s'élève à trente-huit.

Vingt-huit d'entre eux ont fait l'objet de notes spéciales insérées dans les procès-verbaux de nos séances.

Ce sont :

MM. Bataille, D. Bonnet, Cail, Corpet, Courant, Dejey, Fouaillet, Fournier, Fragneau, Gavand, Gouvy père, Hack, Henriet, de Jubécourt, Jury, Laforestrie, Leblanc, Lemoine, Montagnier, Neujean, Piarron de Mondesir, Pollet, Quehen, de Ridder, Rist, Rocaché, Rudler.

Des notices nécrologiques insérées dans nos Bulletins retracent d'une façon plus détaillée la carrière trop tôt interrompue de nos dix autres collègues :

MM. Bonnami, A. Bonnet, Goschler, Maldant, Mathias, Muller, Netter, Pothier, de Reinhardt, Taillard, Vautier.

L'énumération de ces noms vous dit assez l'importance des pertes qu'a faites notre Société ; parmi celles-ci, elle a particulièrement à déplorer la mort de deux de ses anciens vice-présidents, MM. Mathias et Goschler, et celle d'un de ses anciens présidents, M. Emile Muller, aux funérailles duquel notre Société s'est associée d'une façon si sympathique à la douleur de sa famille et de ses amis.

Le nombre de ceux qui sont venus grossir nos rangs, et remplacer les morts auxquels nous disons un dernier adieu, s'élève à cent vingt-trois membres sociétaires et quinze membres associés. En outre, MM. Barlow, Hirn, Alphand et Berger ont été nommés membres honoraires.

Il en résulte que le nombre de nos membres, qui était au 1er janvier 1889 de. 2 198
a été augmenté par les admissions de 142
et diminué par les décès et radiations de. 66
Nous comptons donc actuellement, dans notre Société, 2 274 membres.

En ce qui concerne nos finances, le rapport qui vous a été présenté par notre Trésorier vous a donné assez de renseignements pour qu'il soit inutile d'insister sur ce sujet. Je me contenterai de vous rappeler qu'un emprunt de 75 000 f a été fait parmi les membres de notre Société qui, avec un empressement dont je suis heureux de les remercier, y ont concouru pour une somme très supérieure à celle qui leur était demandée. Sur cet emprunt destiné à la réception des Ingénieurs étrangers, nous n'avons dépensé que 65 527,48 f. Grâce à la libéralité d'un certain nombre d'entre vous qui ont fait abandon du montant de leur souscription, nous nous disposons à rembourser 12 747,52 f à nos obligataires ; mais néanmoins notre capital social n'est plus que de 390 000 f, soit en diminution de 52 000 f sur notre avoir à la fin de 1888. Quoique nous soyons loin d'avoir à regretter cette situation en raison des résultats obtenus, nous n'en devrons pas moins faire tous nos efforts pendant les années qui vont suivre pour reconstituer notre capital antérieur et le ramener au chiffre que nous avions atteint de 451 000 f.

La Société a encore trouvé cette année une occasion de venir en aide aux familles des mineurs atteintes par une de ces catastrophes qui ne peuvent nous laisser insensibles. Comme pour les accidents des puits Jabin, Chatelus et de Cransac, une souscription a été ouverte en faveur des familles des victimes de Saint-Etienne. La Société a tenu une fois de plus à affirmer la sympathie qui unit les Ingénieurs à la classe ouvrière et une somme de 1 800 f à été rapidement recueillie et adressée aussitôt par le Comité. Les Mechanical Engineers d'Angleterre, que nous venions de recevoir à Paris, nous ont transmis, par l'intermédiaire de M. H. Chapman, et en plusieurs versements, la somme de 1 685 f, produit d'une collecte faite parmi les membres de cette Société et qui a été envoyée par nos soins dans la Loire. M. Reymond, notre ancien Président, sénateur de la Loire, et le préfet, M. Galtier, ont adressé par lettre à votre Société de chaleureux remerciements dont j'ai été heureux de retrouver l'écho et le souvenir reconnaissant dans l'excursion que nous avons faite dans le pays avec les Ingénieurs de l' « Iron and steel Institut ».

Votre bibliothèque s'est enrichie de nombreux ouvrages dus à la générosité de vos membres et d'industriels auxquels j'adresse tous vos remerciements.

Le classement de cette bibliothèque se poursuit avec persévérance et nous croyons prochain le jour auquel la Société possédera enfin son catalogue au complet.

Les prix qui ont été décernés cette année par la Société sont :

Le prix annuel qui a été attribué à M. Barbet pour son mémoire sur la construction et le calcul des cylindres de presse hydraulique ou à air;

Le prix Michel Alcan que nous avons pu remettre avant sa mort à notre regretté collègue M. H. Bonnami pour son mémoire sur la fabrication et la solidification des produits hydrauliques.

Le nouveau coin dû à la libéralité de M. H. Hersent, notre ancien président, a été terminé cette année par M. Chaplain, notre graveur ; aussi les médailles des trois prix qui n'avaient pas été distribuées l'année dernière ont été remises au mois de juin à nos lauréats :

M. E. Gruner, pour le prix annuel ;

M. A. Borodine, pour le prix Nozo ;

MM. A. Gouilly et D.-A. Casalonga, pour le prix Giffard.

J'arrive maintenant à vos travaux.

Les nouveaux venus parmi vous dans cette grande famille des Ingénieurs civils dont le nombre s'accroît chaque année, reconnaîtront chez leurs aînés de multiples exemples d'un travail persévérant dont ils trouveront la trace pour l'année qui vient de s'écouler dans le rapide résumé des communications qui ont été faites et des discussions auxquelles elles ont donné lieu pendant nos vingt-une séances.

Ces travaux seront, suivant la division établie par le règlement, classés en quatre sections.

Travaux publics et constructions.

M. R. Cottancin nous a décrit son système de *constructions en ciments avec ossature métallique en fer*. MM. E. Polonceau, S. Périssé, Petit et moi-même avons présenté des observations sur ce système qui, bien appliqué, peut être d'une grande utilité.

Les améliorations des fleuves à marées ont fait l'objet de nouvelles observations de MM. J. Fleury, J. de Coëne et L. Vauthier dont vous connaissez la compétence.

M. E. Polonceau a bien voulu nous donner une analyse d'un important ouvrage de nos collègues, MM. P. Lefèvre et G. Cerbelaud, *sur les chemins de fer.*

M. F. de Garay nous a parlé du beau *pont de Poughkeepsie,* au sujet duquel il nous a fourni de nombreux renseignements qui ont donné lieu à MM. S. Périssé et P. Regnard de présenter diverses observations sur les systèmes de ponts américains.

M. J. Durupt nous a entretenus de son système de *maisons démontables,* qui peuvent rendre de grands services aux Ingénieurs pour leurs travaux à l'étranger.

M. P. Moncharmont, de son système de *voies métalliques universelles,* qui offre une solution complète de l'emploi des traverses métalliques.

Et enfin M. G. Lesourd, des *crampons à pointes multiples divergentes,* de M. Junquera.

Parmi les autres mémoires plus développés, je vous rappellerai celui de M. J. Charton qui, dans son *aperçu général des dispositions et installations de l'Exposition universelle de 1889,* nous a dit par avance, de la façon la plus agréable et la plus attrayante, ce que devait être cette grande œuvre pour laquelle ses prévisions n'ont pas été trompées.

M. E. Dornès nous a donné un remarquable Mémoire sur le *Colmatage de la Crau et le desséchement des marais de Fos.* C'est un sujet des plus importants, qui nous a été exposé avec une compétence toute particulière à l'aide de renseignements abondants et précis dont nous devons remercier notre collègue.

M. H. Hersent nous a fait une communication des plus intéressantes et des plus complètes sur le *bassin de radoub de Saïgon,* qui restera un des plus beaux travaux qui remplissent la carrière de notre éminent collègue.

Il nous a entretenus, ainsi que M. J.-B. Pradel, de la belle étude qu'il a faite de concert avec MM. E. Schneider et Cⁱᵉ, d'un avant-projet de *pont sur la Manche,* qui a donné lieu à une discussion à laquelle ont pris part MM. Ed. Roy, J.-F. Pillet, E. Polonceau, A. Grouselle, J. Fleury, H. Forest et S. Périssé.

Enfin, M. Ch. Grille, dans sa communication sur le *chemin de fer à voie étroite de l'Exposition,* nous a fourni tous les résultats techniques et financiers de cette ligne, par laquelle la Société Decauville a démontré d'une manière frappante que les voies métalliques de son système à largeur très réduite peuvent s'adapter à des trafics considérables.

Mécanique et ses applications.

La question qui joue un si grand rôle dans l'étude des constructions, *celle des méthodes d'essais de résistance des matériaux et leur unification,* a fait l'objet d'un ouvrage de M. Svilokossitch, qui nous a été résumé de la façon la plus habile par M. Max de Nansouty. La discussion qui en a été la suite a amené les observations très judicieuses de MM. E. Polonceau, A. Dallot, G. Pesce, J. Euverte, E. Badois, E. Mayer, V. Contamin, D. de Laharpe, D. Casalonga, et montre tout l'intérêt que la Société attache à cette question, qui se représentera certainement devant elle, puisque deux des Congrès de cette année l'ont examinée. J'espère que M. de Nansouty voudra bien continuer son étude en vous exposant ce qui sera résulté des délibérations de ces Congrès.

M. R. Cottancin nous a donné tous les détails relatifs *au transport de la canonnière Farcy*, depuis la porte du Palais de l'Industrie jusqu'à la berge de la Seine à l'aide de voies Decauville.

M. Benoit-Duportail a présenté une analyse de l'ouvrage de MM. D.-A. et Ch. Casalonga sur les *marteaux-pilons et les presses hydrauliques appliquées aux travaux de forge et de chaudronnerie*. Cet important ouvrage a donné lieu à des observations de MM. D.-A. Casalonga, E. Polonceau, S. Périssé et A. Lencauchez.

M. S. Périssé nous a analysé le livre que notre collègue M. Denis Poulot vient de faire paraître sous le titre : *Méthode d'enseignement manuel pour former un apprenti mécanicien*, et nous en a fait ressortir le côté éminemment pratique.

M. L. de Longraire a étudié devant vous *la raideur des cordages* et a discuté les différentes formules usuelles qui laissent beaucoup à désirer. Il en a proposé de nouvelles qui sont plus en accord avec la réalité.

M. V. Contamin a analysé une note de M. L. Rey *sur les nouvelles formules pratiques pour le calcul des pièces soumises à des efforts de flexion et de tension*. En ne faisant usage que des coefficients de résistance à l'extension, M. Rey a comblé une lacune qui avait préoccupé beaucoup de ceux d'entre nous qui s'occupent de la Résistance des matériaux.

Les sujets qui ont donné lieu à des communications plus étendues sont : *la Traction funiculaire des bateaux sur les canaux, système Maurice Lévy*, laquelle, après une visite faite à Joinville-le-Pont, a été l'objet de la part de M. A. Brüll, pendant votre deuxième séance, d'un très remarquable compte rendu. M. Maurice Lévy, qui assistait à cette séance, vous a complété cet exposé par des observations du plus grand intérêt. MM. O. Delfosse, V. Contamin, E. Polonceau et moi-même avons présenté, principalement au point de vue de la résistance des câbles, quelques remarques sur ce sujet d'une haute utilité.

MM. F. Rabeuf et E. Carez ont fait un compte rendu des expériences faites à Tergnier, sur le canal de Saint-Quentin, devant le Congrès international de navigation, pour le même but, *celui du halage funiculaire*, suivant le système Oriolle. Ce dernier fonctionne aussi d'une façon satisfaisante et il serait très intéressant de comparer d'une manière détaillée, les résultats pratiques de ces deux systèmes qui présentent une grande analogie.

M. L. Boudenoot nous a présenté un Mémoire de M. E. Daujat sur *l'Exploitation de la distribution de la force motrice au moyen de l'air raréfié*, et sur les installations nouvelles de l'usine de la rue Beaubourg. Ce mémoire constate le succès des petits moteurs employant ce système qui peut rendre de si utiles services dans la petite industrie.

M. A. Ansaloni vous a décrit dans tous leurs détails *les ascenseurs de la Tour de 300 mètres*. Ces appareils donneront probablement lieu à une communication nouvelle, indiquant la manière dont ils ont fonctionné.

Le principe Compound et son application aux locomotives a fait l'objet de deux communications très importantes : l'une de M. A. Pulin, et l'autre de M. E. Polonceau sous le nom de *la Locomotive Compound*. Elles ont donné lieu à des discussions d'un grand intérêt de la part de MM. J. Garnier, A. Mallet, L. Parent et Ch. Roy.

Enfin, M. L. Soulerin s'est livré à l'étude très approfondie des freins pneumatiques au sujet de la communication qu'il a faite *d'un nouveau système de freins continus*. Indépendamment de ce système lui-même, nous croyons que c'est une des études les plus complètes qui existe sur ce sujet.

Je signalerai en dernier lieu l'insertion dans nos bulletins de la 2e partie du savant mémoire présenté par M. Bertrand de Fontviolant *sur une théorie nouvelle des déformations élastiques.*

Mines et Métallurgie.

M. E. Grüner a excité votre intérêt par les notes techniques qu'il a recueillies pendant *le voyage de la Société à Barcelone et à Bilbao*. Ces notes sont très nourries de faits et seront consultées avec fruit par chacun de nous.

M. E. Polonceau nous a donné connaissance de l'important travail de M. A. Bresson sur *la fabrication et les emplois actuels de l'acier déphosphoré.*

M. A. Bresson a communiqué lui-même un second Mémoire sur *l'état actuel de la métallurgie du fer et de l'acier en Allemagne*. Ce mémoire, qui est inséré *in extenso* dans nos bulletins, présente un intérêt industriel considérable en raison de la compétence de M. Bresson et de sa connaissance très complète des conditions industrielles, non seulement de l'Autriche, mais encore de l'Allemagne.

La déphosphoration sur sole en France a fait l'objet d'observations historiques par MM. A. Lencauchez, F. Gautier et J. Euverte.

Physique et Chimie.

La question si importante de l'éclairage électrique a, naturellement, fait l'objet de plusieurs communications. L'une, par M. E. Polonceau *sur l'éclairage électrique de la ville de Milan,* où sont relatés un grand nombre de renseignements pratiques ; un autre, par M. A. de Bovet, directeur du Syndicat des électriciens *sur l'éclairage électrique de l'Exposition universelle*. Ce mémoire fournit, avec celui de M. J. Charton, les notes les plus complètes qui aient encore paru sur l'installation technique de l'Exposition ; enfin nous avons eu une analyse très complète, par M. Max de Nansouty, du consciencieux et remarquable ouvrage de M. L. Vigreux, intitulé : *Projet d'utilisation de la puissance d'une chute d'eau pour l'éclairage électrique d'une ville.*

M. P. Gassaud nous a présenté une analyse de l'ouvrage de M. le docteur Lafont, *sur le gaz à l'eau*, dont les conclusions ont été très vivement combattues par notre collègue M. E. Cornuault.

M. J. Pillet nous a entretenus de *sa balance électrique*, dont il est à désirer que la pratique vienne consacrer les indications théoriques.

Enfin, M. Jablochkoff nous a fait une communication sur *la production de la force motrice par l'électricité*, qu'il considère comme devant être préconisée pour les petites forces. MM. P. Regnard, E. Hospitalier et H. Hervegh ont pris part à la discussion qui suit cette communication.

Enfin, pour clore la série de ces communications, j'ai à vous mentionner l'étude, faite par M. D. Casalonga, de *la nouvelle loi suisse du 29 juin 1888 sur les brevets d'invention*, au sujet de laquelle MM. S. Périssé, Ed. Roy, C. Mardelet et E. Polonceau ont présenté des observations dont il serait très désirable de voir tenir compte dans la révision de la législation actuelle des brevets en France.

Tels ont été les travaux de la Société pendant ses séances, et vous voyez qu'un grand nombre présentent le plus sérieux intérêt ; mais là ne s'est pas bornée son activité et ses membres ont joué un rôle important dans les nombreux Congrès de 1889, soit comme Présidents, soit comme Vice-Présidents ou Secrétaires, soit comme auteurs de mémoires très remarqués.

Il m'est impossible de vous énumérer ces derniers travaux, je me bornerai à vous rappeler les noms de ceux d'entre vous qui ont été nommés soit Membres des commissions d'organisation, soit Membres des bureaux définitifs.

CONGRÈS DE	MEMBRES DE LA COMMISSION D'ORGANISATION	MEMBRES DU BUREAU
Mécanique appliquée	MM. Badois. — Barba. — Baudry. — Boudenoot. — de Comberousse. — Delaunay-Belleville. — J. Farcot. — Gottschalk. — A. Mallet. — Mignon. — Max de Nansouty. — S. Périssé. — E. Polonceau. — G. Richard. — Richemont. — Ed. Simon. — A. Tresca. — Vigreux. — Jules Armengaud.	MM. Gottschalk, Farcot, *Vice-Présidents*. — A. Tresca, Max de Nansouty, Boudenoot, *Secrétaires*.
Mines et métallurgie	MM. Boucheron. — A. Brüll. — P. Buquet. — Clémandot. — A. Evrard. — Gautier. — A. Hallopeau. — S. Jordan. — Remaury. — Rogé. — Schneider. — de Selle. — Wurgler. — Bresson. — Dujardin-Beaumetz. — Edouard Gruner.	MM. Jordan, Remaury, *Vice-Présidents*. — Lodin, Ferd. Gautier, E. Gruner, *Secrétaires*.
Navigation fluviale	MM. Charles Cotard. — P. Regnard. — Pronnier. — L. Vauthier.	

CONGRÈS DE	MEMBRES DE LA COMMISSION D'ORGANISATION	MEMBRES DU BUREAU
Procédés de construction. . .	MM. Contamin. — Delmas. - G. Eiffel. — Bertrand de Fontviolant. —Couin. — H. Hersent. — Jolly. — Lantrac. — L.-G. Le Brun. — Lippmann. — A. Moreau. E. Muller. — Max de Nansouty. — L. Baudet. — J. Charton.	MM. Eiffel, *Président*. — Muller, *Vice-Président*. — Bertrand de Fontviolant, Moreau, *Secrétaires*.
Accidents du travail.	MM. Cauvet. — E. Gruner. — E. Muller. — Max de Nansouty. — Portevin. — F. Reymond. — Emile Cacheux.	MM. E. Muller, *Vice-Président*. — E. Gruner, *Secrétaire Général*.
Travaux maritimes	MM. J. Fleury. — H. Hersent. — Lavalley. — R. Le Brun. — Molinos.	MM. Lavalley, *Vice-Président*. — J. Fleury, *Secrétaire*.
Habitations ouvrières	MM. Cacheux. — Dietz-Monnin. — Guary. — Menier. — Emile Muller. — Emile Trélat.	
Cercles d'ouvriers. . . . . ,	M. Remaury.	
Utilisation des eaux fluviales.	MM. Pronnier. — L. Vauthier.	M. Cotard, *Vice-Président*.
Chimie.	M. Berthelot.	
Étude des questions coloniales.	M. l'amiral Pâris.	
Sauvetage.	MM. Cacheux. — de Nansouty. — A. de Rothschild.	
Architectes	MM. Alphand. — Bourdais. Castel. — Eiffel. — Reymond. — Emile Trélat. — M. Ch. Lucas, *secrétaire*.	
Sciences ethnographiques . .	M. Ch. Lucas.	
Protection des œuvres d'arts et des monuments	MM. Alphand. — Ch. Lucas. — E. Trélat.	
Habitations à bon marché . .		MM. E. Muller, *Vice-Président*. — E. Cacheux, *Trésorier*.
Électriciens.		MM. Fontaine, *Vice-Président*. — Hillairet, *Hospitalier*, *Secrétaires*.

On a fait aussi appel à la compétence d'un grand nombre de nos membres en les appelant à participer aux travaux du Jury des récompenses de l'Exposition.

Vous me permettrez de vous rappeler leurs noms, qui sont au nombre de 92.

Ce nombre, ainsi que celui des Membres des commissions d'organisation des congrès, montrent bien dans quelle haute estime les pouvoirs publics tiennent la Société des Ingénieurs civils :

Aucune Société ni aucun corps n'ont été appelés à fournir à notre grande entreprise nationale un contingent aussi considérable d'hommes d'une compétence reconnue.

C'est pour ce motif que nous pouvons être fiers de rappeler tous ces noms et que vous m'approuverez de les grouper dans ce résumé annuel.

MEMBRES DE LA SOCIÉTÉ

FAISANT PARTIE DU JURY DES RÉCOMPENSES

GROUPE II .. CLASSES 6, 7 et 8 . . . Jacquemart. — Mesureur — Portevin.
CLASSE 9 . . . . . . Cauvet.
CLASSE 10. . . . . . Dumont.
CLASSE 11. . . . . . Parrot.
CLASSE 15. . . . . . Colonel Laussedat.

GROUPE III.. CLASSE 19. . . . . . Appert. — Biver. — L. Renard.
CLASSE 20. . . . . . Martin. — Redon.
CLASSE 25. . . . . . Coutelier. — A. Durenne.
CLASSE 26. . . . . . Garnier.
CLASSE 27. . . . . . Grouvelle. — Luchaire. — Muller. — Cornuault.
— Piet.

GROUPE IV.. CLASSE 30. . . . . . Noblot. — Wallaert.

GROUPE V... CLASSE 41. . . . . . Boas. — Boutmy. — Ellicott. — Holtzer. —
Létrange. — Mignon. — Remaury. — Rogé.
CLASSE 44. . . . . . . P. Guillemant.
CLASSE 45. . . . . . . de Bonnard.
CLASSE 46. . . . . . . Decaux.

GROUPE VI.. CLASSE 48. . . . . . Jordan. — Wurgler. — Petitjean. — de Quillacq.
CLASSE 49. . . . . . Albaret. — Chabrier. — Liébaut. — Tresca.
CLASSE 50. . . . . . Egrot. — Hignette. — E. Boire.
CLASSE 51. . . . . . Bérendorf. — Deutsch. — Perret.
CLASSE 52. . . . . . Bourdon. — Farcot. — Féray. — Lavalley. —
Piat. — Weyher.
CLASSE 53. . . . . . Bouhey. — Léon. — Rouart. — Vaslin.
CLASSE 54. . . . . . A. Imbs.
CLASSE 55. . . . . . G. Denis.
CLASSE 56. . . . . . Godillot. — Hurtu. — Legat. — Gotendorf.
CLASSE 57. . . . . . Panhard.
CLASSE 58. . . . . . Dehaitre. — Ermel.
CLASSE 59. . . . . . Périssé. — Bougarel.
CLASSE 60. . . . . . Binder. — Mauclère. — Quenay. — Pozzy.
CLASSE 61. . . . . . Chevalier. — Desgrange. — Level. — Salomon.
CLASSE 62. . . . . . Jousselin. — Aylmer. — Sautter.
CLASSE 63. . . . . . Guillotin. — Jolly. — Michau. — Molinos.
Moisant. — Reymond. — Trélat.
CLASSE 65. . . . . . Pérignon. — Rueff.
CLASSE 66. . . . . . Canet.

GROUPE VII. CLASSES 70, 71 et 72. . Prevet. — Dufresne.
CLASSE 73. . . . . . Cirier. — d'Adelsward. — Prangey.
CLASSE 73 bis . . . . . Ronna.
CLASSE 74. . . . . . Lavalard.
Economie sociale. . . . Ch. Lucas.

Non seulement la Société avait à se partager entre les multiples congrès et les fréquentes réunions des jurys, mais elle avait encore à exercer les devoirs de l'hospitalité envers les nombreux Ingénieurs étrangers qui s'étaient adressés à elle comme à une des plus puissantes associations représentant en France la profession de l'Ingénieur sous ses formes les plus diverses.

Ces réceptions, qui ont été très laborieuses, ont pris le temps d'un grand nombre d'entre vous, mais aussi elles ont été l'une des manifestations les plus éclatantes de votre activité.

Grâce à M. A. Brüll qui, comme président de la Commission spéciale des réceptions, s'y employait avec un zèle remarquable, le programme des réunions et des visites avait été soigneusement établi plusieurs mois à l'avance et communiqué aux Sociétés que nous devions recevoir. Votre empressement à couvrir l'emprunt que nous vous proposions nous était encore une preuve du désir que vous aviez tous de voir ces manifestations de fraternité professionnelle être dignes de la France et de notre Société. Aussi avons-nous essayé, dans les limites des ressources dont nous disposions, de leur donner tout l'éclat possible, en mettant à profit l'aide des sympathies qui s'offraient à nous et dont j'aurai à vous parler.

La première réception fut celle des Ingénieurs américains, qui eut lieu du 20 au 26 juin. Ces messieurs, au nombre de trois cents environ, appartenaient à trois Sociétés différentes : celle des Ingénieurs civils de New-York représentée par M. Towne, le président de cette Société, par M. Wittemore, président honoraire, et par M. Chanute, ancien président; celle des Ingénieurs mécaniciens avec M. Woodbury, son vice-président, et enfin celle des Ingénieurs des Mines.

M. Brüll et M. Caen, un de nos plus zélés commissaires, ont donné un récit très complet de cette réception, dont tous les points du programme eurent un plein succès. Je n'en rappellerai que l'accueil particulièrement distingué que votre Bureau, en présentant nos collègues américains, a reçu du Président de la République, du Conseil municipal de Paris et du Préfet de la Seine.

Le 2 juillet commence la réception des 280 membres de la Société des Ingénieurs mécaniciens anglais, venus à Paris pour y tenir leur Congrès annuel, sous la présidence de M. Ch. Cochrane. MM. Brüll, Caen et Herscher vous ont entretenus de cette seconde réception dans laquelle la soirée donnée dans notre hôtel, les visites à la Tour et aux divers établissements qui nous ont généreusement offert leur concours, ont laissé la meilleure impression dans l'esprit de nos hôtes, ainsi qu'en témoignent une chaleureuse lettre de remerciements qui a été adressée à votre président par M. Ch. Cochrane, et la généreuse souscription jointe à la nôtre pour les victimes de la catastrophe de Saint-Étienne.

Le 10 septembre, nous recevions les Ingénieurs belges et hollandais, au nombre de plus de 500 et appartenant :

Pour la Belgique : à l'Association des Ingénieurs sortis de l'École de Liège (M. Montefiore-Levi, président); à l'Association des Ingénieurs sortis des écoles spéciales de Gand (M. Morelle, président); à la Société des Ingénieurs de l'Université de Louvain (M. Fabry, président); à la Société des Ingénieurs de l'Université de Bruxelles (M. Van Drunen, président), à la Société des Ingénieurs de l'École des Mines du Hainaut (M. Briard, président);

Pour la Hollande : à l'Institut royal néerlandais, sous la direction de M. Michaëlis, président.

Dans les réunions qui ont eu lieu pour cette réception, notamment à la Tour où nous étions réunis dans un banquet au nombre de 550 convives et chez MM. Menier où il nous a été fait une magnifique réception, nous avons trouvé chez nos hôtes, plus que de la cordialité, mais un véritable enthousiasme dont un écho vous a été reporté par le récit que vous en a fait notre vice-président, M. S. Périssé, au dévouement duquel, pendant ces agréables mais fatigantes réceptions, la Société doit une reconnaissance particulière pour la façon dévouée dont il a constamment mis son activité et son temps à la disposition de votre Président.

La semaine suivante, le 17 septembre, eut lieu la réception de 60 Ingénieurs espagnols, 90 Ingénieurs russes, 25 Ingénieurs portugais, 7 Ingénieurs brésiliens et quelques Ingénieurs chiliens. M. Périssé vous a également rendu compte de cette visite et des toasts pleins de chaleureuse sympathie échangés soit à la Tour, soit aux Établissements Decauville avec MM. Belelubsky, professeur à l'Institut de Saint-Pétersbourg, de Ybaretta et Thos y Codina, Ingénieurs espagnols, de Mello, Ingénieur brésilien, et surtout avec notre éminent collègue, M. de Mattos, président de la Société des Ingénieurs portugais à Lisbonne.

Enfin, le 24 septembre, nous avons reçu les membres de l' « Iron and Steel Institut » d'Angleterre, venus à Paris au nombre de 350 pour leur meeting général et ayant à leur tête sir James Kitson, leur président.

Après les banquets qui ont eu lieu à la Tour et à l'hôtel Continental, dont M. E. Polonceau vous a entretenus, ont eu lieu dans des trains spéciaux deux magnifiques voyages, l'un au Creusot, dont M. Périssé vous a rendu compte, et l'autre dans la Loire, dont le récit vous a été fait par M. Herscher jeune. Ces deux excursions exceptionnelles ont laissé dans le souvenir de ceux qui y ont assisté, d'inoubliables souvenirs. Votre Société y a reçu des populations elles-mêmes et des autorités le plus enthousiaste accueil. Les excursions à Longwy et dans le Luxembourg, ainsi qu'à la région de Maubeuge, n'ont pas eu moins de succès.

Le nombre des Ingénieurs étrangers qui ont été l'objet de ces diverses réceptions n'a pas été moindre de 1 877 ; nous pouvons être assurés que leur réussite a été complète et que nos hôtes ont pu repartir très satisfaits de l'accueil qu'ils avaient reçu parmi nous.

Nous avons à ce sujet bien des remerciements à adresser, d'abord à nos collègues, MM. Brüll, Périssé, Reymond, Buquet, Chapman, Vaslin, Caen, Herscher, Regnard, Canet, Godillot, E. Pontzen, etc., puis aux Ingénieurs de la Ville, MM. Bechman et Launay, à MM. Bixio, Menier, Decauville, Schneider, de Montgolfier, Thiollier, Cholat, Holtzer, Douvreleur, Marrel, Arbel, Deflassieux, etc., et enfin à la Compagnie de Paris-Lyon-Méditerranée, qui a constamment facilité nos voyages par des trains spéciaux, ainsi qu'aux Compagnies du Nord et de l'Est. Tous ceux qui nous ont apporté leur concours dans ces circonstances ont droit à notre gratitude et ils me pardonneront d'avoir omis ici bien des noms qui ont trouvé leur place dans nos bulletins.

Je dois mentionner aussi que le 17 septembre, votre Société a eu l'honneur de recevoir dans un déjeuner à la Tour M. Edison qui, en compagnie de M. Gounod, a passé avec nous quelques heures dont nous avons gardé un précieux souvenir.

M. le Président de la République, par une lettre adressée à votre Président, a bien voulu faire remercier la Société des Ingénieurs civils qui. dit-il, « *a su faire si dignement aux Ingénieurs étrangers venus à Paris cette année les honneurs de l'Exposition et de l'œuvre industrielle de la France* ».

Ces réceptions, qui ont jeté un grand éclat sur notre Société, lui ont assuré au dehors des liens d'amitié solides et durables dont le témoignage s'est produit par de précieuses expressions de gratitude. Parmi celles-ci, vous me permettrez de vous reporter l'honneur qui a été fait à votre Président, lequel a été nommé membre honoraire des « Mechanical Engineers » anglais, de celle des « Mechanical Engineers » américains, de celle des Ingénieurs de Gand et de Liège, et enfin de l' « Iron and steel Institut ». Je ne puis que remercier ici les associations de l'honneur qu'elles ont ainsi fait à notre Société dans la personne de son Président.

Mais en dehors de ces réceptions, vous savez tous la part considérable qu'a pris la Société elle-même, non seulement dans la construction de différents édifices de l'Exposition, soit parmi les ingénieurs comme MM. Contamin, Charton, Vigreux, Bourdon, Pierron, etc., soit parmi les entrepreneurs, dont on peut dire que tous ceux qui en ont construit la partie métallique appartiennent à la Société, soit personnellement, soit par leurs principaux collaborateurs, mais encore parmi les exposants eux-mêmes dont les produits industriels devaient faire l'attrait de ces galeries.

M. le Président de la République a pu dire à juste titre, à notre vice-président, M. Périssé, dans la visite qu'il a faite au local qui nous était réservé et où nous étions nous-mêmes exposants, *que les œuvres des Ingénieurs civils remplissaient l'Exposition*.

Aussi la part que nous avons eue dans les récompenses est considérable.

Tout d'abord la Société elle-même a été récompensée de son action collective par un Grand Prix dans la classe 63.

Quant à ses membres, 70 ont été mis hors concours; les autres ont obtenu 48 grands prix, 164 médailles d'or, 141 médailles d'argent, 67 médailles de bronze et 29 mentions honorables. Le chiffre relativement élevé, non seulement du nombre total de ces récompenses mais surtout de celui des récompenses d'ordre supérieur (grands prix ou médailles d'or), montre assez par lui-même le mérite de nos sociétaires exposants.

Mais ce ne sont pas, Messieurs, les seuls résultats de l'année 1889; une grande quantité de décorations données à nos collègues est venue s'y ajouter :

En premier lieu dans la Légion d'honneur :

Ont été promus au grade de commandeur :
MM. Bixio, Cauvet, de Naeyer.

Au grade d'officier :
MM. Aylmer, Bariquand, Chapman, Charton, Contamin, P. Decauville, Delaunay-Belleville, Eiffel, Fontaine, P. Garnier, Geneste, Ghesquière-Dierickx, Guillotin, Charles Herscher, J. Hignette, Lantrac, Menier, Moisant, Petitjean, Prevet, Richemond, Sédille, Vigreux, Vuillemin. Weyher.

Au grade de chevalier :

MM. E. Armengaud, P. Arrault, Badois, Barbet, Baudet, G. Béliard, Berton, Berthon, Boire, Bornèque, Bougarel, Boulet, Bourdon, Boutmy, de Brochocki, Brustlein, Bunel, Coignet, Collignon, Denis, Deutsch, Domange, Dujour, Durand, Duval, Egrot, Fould-Dupont, Gatget, Godfernaux, Grébus, Guyenet, Imbs, Lecouteux, Legrand, Lelubez, Levassor, Lippmann, Luchaire (Léon), Martin, Mauclère, Mauguin, Monjean, Petitjean, Pierron, Portevin, Richard, Rouart, Salles, Salomon, Sautter, Simons, Thirion, des Tournelles, Tresca, Zschokke.

Il faut ajouter à cette longue liste 16 officiers de l'instruction publique, 28 officiers d'académie, 1 officier et 5 chevaliers du Mérite agricole, plus un grand nombre de décorations étrangères.

Nous pouvons considérer comme venant s'ajouter à la suite de cette longue liste de récompenses le prix Osiris, qui, partagé entre les différents collaborateurs de la Galerie des machines, est venu récompenser notre cher collègue Contamin de ses remarquables études.

Permettez-moi d'y ajouter aussi, en la considérant comme pouvant être revendiquée par notre Société, la haute distinction qui vient de m'être accordée par l'Académie des Sciences ; je veux parler du *prix de mécanique* (fondation Montyon) *pour l'ensemble de mes travaux de constructions métalliques.*

J'y ai été d'autant plus sensible que, parmi les premiers titulaires de ce prix et à côté de noms glorieux, tels que celui de Poncelet, j'en retrouve beaucoup d'autres tels que ceux du général Morin, Giffard, Tresca, Lavalley, Arson, Armengaud père, Léon Francq, qui appartiennent à notre Société, et dont elle s'honore.

J'en ai fini, Messieurs, avec cette longue énumération des preuves de l'activité déployée par vous dans cette mémorable année de 1889, qui comptera, non seulement dans les annales de la France, mais aussi dans celles de la Société.

Si cette année a pu être aussi bien remplie et si nous ne nous sommes pas montrés inférieurs à la tâche que nous nous étions fixée, c'est que votre Bureau et votre Comité ont fait preuve d'un dévouement auquel je dois rendre un public hommage, et qu'un grand nombre d'entre vous, messieurs, ont bien voulu s'adjoindre à nous pour nous prêter un concours dont je les remercie sincèrement. Ces remerciements s'adressent aussi au personnel de la Société et particulièrement à notre Agent général, M. A. de Dax, qui a rempli ses difficiles fonctions à la satisfaction de tous.

Il me reste, Messieurs et chers Collègues, à vous dire combien je vous suis reconnaissant de l'honneur que vous m'avez fait en m'appelant à la Présidence pendant cette année si difficile, avec de telles responsabilités et les grands souvenirs de Flachat et de Tresca, qui avaient occupé ce fauteuil pendant les deux dernières Expositions universelles.

Grâce à vous, cette année 1889 aura été la plus brillante de mon existence ; mais j'ai à faire un souhait, je le forme sincèrement et du fond du cœur : c'est que vous appréciez que je n'ai pas été indigne de la tâche que vous m'aviez confiée, à laquelle, en tout cas, n'a pas failli mon dévouement.

En quittant ce fauteuil, j'ai le grand plaisir de penser qu'il va être occupé par notre excellent collègue et ami Contamin.

Vous avez certainement voulu récompenser en lui l'un de ces travailleurs qui ont, pendant cette année même, jeté le plus d'éclat sur notre Société. Toutes les constructions métalliques de l'Exposition, ses palais, ses dômes et surtout son admirable galerie des Machines sont, au point de vue de l'Ingénieur, l'œuvre de notre collègue.

Vous avez aussi voulu donner un témoignage de reconnaissance et de sympathie, non seulement à l'excellent professeur, dont l'enseignement est si précieux, mais aussi au collègue, que vous aimez tous; qui, par la bonté et la droiture de son caractère s'est assuré depuis longtemps de votre estime et de votre affection. Votre concours ne lui fera pas défaut dans le cours de cette année, où les fruits de l'Exposition vont trouver leur place dans vos séances : vous me permettrez d'y faire appel en vous remerciant, encore une fois, mes chers Collègues du Bureau et du Comité, et vous tous, Membres de cette Société, de celui qui m'a été apporté si généreusement par vous cette année dans le but d'accroître le bon renom des Ingénieurs civils français. (*Applaudissements.*)

M. G. Eiffel, président sortant, serre la main à M. Contamin auquel il cède le fauteuil.

M. V. Contamin, nouveau président, prend place au fauteuil et prononce le discours suivant :

Discours de M. V. Contamin.

MON CHER PRÉSIDENT,

Les paroles si bienveillantes que vous venez de m'adresser m'ont profondément touché et c'est de tout cœur que je vous remercie du témoignage de sympathie que vous venez de me donner. Permettez-moi à mon tour de vous exprimer au nom de la Société combien le souvenir de votre présidence restera gravé dans sa mémoire, du fait des preuves incessantes de dévouement à ses intérêts que vous n'avez cessé de lui prodiguer, et de celui de l'intéressante direction que vous avez su imprimer à ses discussions.

Votre nom, justement estimé et universellement connu, a ajouté au prestige de nos réceptions et contribué à étendre la juste renommée de l'influence que nous exerçons sur les progrès réalisés par l'industrie. Notre gratitude pour les services que vous nous avez rendus est d'autant plus grande que nous savons tous combien votre temps était absorbé par les importants intérêts que vous aviez à sauvegarder et par les discussions intéressantes que vous deviez présider dans les Congrès qui vous avaient demandé votre concours.

Nous sommes heureux, mon cher Président, des succès de toutes sortes que vous avez remportés ; ils nous sont chers à plus d'un titre : s'adressant à l'un des nôtres, ils rejaillissent tout d'abord toujours un peu sur notre corporation ; puis, et surtout, parce que vous avez montré tout ce que peut l'homme de cœur qui, marchant droit devant lui, ne craint pas d'engager sa responsabilité, et aussi parce que vous avez été l'un des éléments les moins contestés du succès que notre grande et belle Exposition vient de remporter devant le monde entier.

Ce sont là des titres à la gratitude de tous les bons citoyens et en particulier de notre Société ; soyez assuré qu'elle vous est tout acquise. *(Très bien ! Très bien ! applaudissements.)*

MESSIEURS ET CHERS COLLÈGUES,

Après avoir rendu à notre Président le juste hommage dû au dévouement avec lequel il a rempli ses difficiles et absorbantes fonctions, permettez-moi de vous remercier, tout d'abord du fond du cœur, de l'honneur que vous m'avez décerné en m'appelant par vos suffrages presque unanimes à présider vos séances pendant l'année 1890, et de vous exprimer toute ma gratitude pour le témoignage d'affectueuse sympathie que vous m'avez donné dans cette circonstance. Je ne pouvais rêver de plus grand honneur ni de consécration plus brillante de ma carrière d'Ingénieur ; soyez assuré que je ferai tout ce qui dépendra de moi pour continuer de mon mieux la tradition de mes prédécesseurs, pour augmenter si possible l'estime et l'état de prospérité dont notre Société jouit à si juste titre.

Vous pouviez choisir un collègue plus autorisé que moi, ayant contribué pour une part plus grande qu'il ne m'a été donné de le faire, à accroître le prestige et la bonne renommée de notre profession ; si vous ne l'avez pas fait et m'avez désigné pour remplir les hautes fonctions de président de notre Société, c'est que vous vouliez accorder un dernier souvenir à la belle et majestueuse manifestation à laquelle notre génie national vient de se livrer et témoigner de votre désir d'établir, au sortir de la glorieuse et féconde Exposition que la France vient de montrer au monde, le bilan des progrès nouveaux réalisés dans les différentes branches de l'activité humaine. Vous avez pensé que je pouvais vous aider dans cette mission ; comptez, Messieurs et chers Collègues, sur tout mon zèle pour mettre en évidence la grande part prise par notre chère Patrie, dans la marche toujours ascendante de l'humanité vers le progrès et l'influence considérable exercée par le Génie civil sur cette marche.

Ce bilan sera glorieux pour la France et on ne peut plus honorable pour notre profession dont l'influence sur la prospérité publique a été toujours en augmentant. Nous avons continué à bien remplir notre mission, qui consiste à contribuer au progrès scientifique et industriel du pays ; nous avons toujours grandi dans l'estime générale sans laquelle tout travail devient stérile et ingrat ; c'est donc bien nous que l'opinion de nos concitoyens désigne pour établir ce précieux inventaire.

Nous n'avons pas accès dans les carrières publiques, mais notre domaine est autrement vaste et grand, car il comprend l'Industrie nationale tout entière sous toutes ses faces, et même dans le domaine public, c'est encore à nous que les Ingénieurs de l'État s'adressent forcément, lorsqu'ils commandent la réalisation de leurs travaux à l'Industrie. Ils sont d'ailleurs les premiers à reconnaître l'importance du concours que nous

leur prêtons et ils admettent parfaitement que la plupart des grands progrès réalisés dans leur art sont une conséquence du développement toujours grandissant de notre instruction professionnelle et des améliorations constantes que nous apportons à toutes les branches des connaissances humaines. Nous sommes pour eux des auxiliaires précieux, dont bien certainement ils ne contestent pas la compétence.

Et il ne peut pas en être autrement, car nous avons pour stimuler notre activité intellectuelle un puissant élément de succès : le besoin de travailler, de toujours nous tenir au courant, sous peine de déchéance morale, des progrès accomplis et même de les accentuer ; c'est pour nous le seul moyen de procurer à nos familles la dose de bien-être que chacun de nous cherche avec raison à lui donner ici-bas. Nous représentons le travail libre dans lequel on applaudit et encourage tout progrès et toute innovation et dans lequel aucun obstacle ne vient entraver une carrière qui se présente à vous n'ayant d'autres limites devant elle que celles assignées à votre intelligence et à vos aptitudes professionnelles.

Nos origines sont variées ; elles ont leur source dans l'Ecole polytechnique et l'Ecole centrale, dans celles d'arts et métiers, ou même dans de simples écoles professionnelles ; plusieurs des nôtres, et non des moins illustres, dont l'autorité est universellement acceptée, ne se réclament que de leur travail et de leurs études personnelles. Nous ne reconnaissons qu'une seule et unique hiérarchie : celle due aux services professionnels qu'on s'est trouvé à même de rendre à l'industrie à laquelle on s'est consacré. Nous ne reconnaissons, enfin, d'autre suprématie que celle due au travail et à une expérience longuement acquise par la pratique des questions et problèmes qu'on a eu à étudier.

Nous réunissons donc les qualités voulues pour bien établir la situation à ce jour de notre industrie nationale et des derniers progrès réalisés, et c'est là une bonne partie de l'œuvre que nous devons accomplir dans cette session. Notre excellent collègue, M. Simon, l'a commencée en vous représentant l'état actuel de la grande industrie de la Filature. notre sympathique vice président, M. Périssé, doit la continuer bientôt en vous parlant de la question des générateurs ; permettez-moi, puisque votre Président doit toujours vous entretenir d'une question qui lui est plus ou moins personnelle, de vous dire quelques mots des ossatures métalliques des bâtiments de l'Exposition, dont j'ai eu à m'occuper d'une manière toute particulière.

Lorsque je me suis trouvé choisi par notre illustre et éminent maitre, M. Alphand, pour étudier et diriger la construction des ossatures métalliques des palais de l'Exposition, je n'ai pas été sans éprouver un certain sentiment d'hésitation à accepter une tâche aussi lourde et remplie de difficultés techniques, au double point de vue d'une exécution rapide et économique. Les trois architectes : MM. Dutert. Bouvard et Formigé, auxquels M. Alphand avait confié les études des trois groupes de palais constituant l'Exposition proprement dite, avaient, en effet, arrêté sous sa haute et puissante direction des ensembles de construction qui, pour être en tous points dignes des grands souvenirs qu'il s'agissait de fêter, dépassaient en dimension tout ce qui avait été projeté et exécuté jusqu'à ce jour pour ce genre de construction. Les dimensions n'étaient pas faites pour nous effrayer ; la difficulté était de faire grand, tout en restant comme dépense dans des prévisions d'avant-projet qui n'attribuaient pas au métal la somme semblant tout d'abord devoir répondre à la hauteur moyenne tout à fait exceptionnelle des bâtiments.

Je ne rappellerai pas les dispositions d'ensemble et architecturales de ces palais, ainsi que des autres parties de l'Exposition ; elles ont donné lieu à une communication aussi complète qu'intéressante faite par mon ami et collaborateur, M. Charton ; ni les différentes phases par lesquelles on a passé pendant la période d'exécution et dont j'ai eu l'honneur de vous entretenir à deux reprises, appelant chaque fois votre attention sur la rapidité tout à fait exceptionnelle de l'exécution grâce à l'habile et magistrale direction de l'éminent Directeur général des travaux ; je me contenterai de vous indiquer les principes qui nous ont guidés dans les études des détails de construction des ossatures métalliques et les résultats obtenus au point de vue des prix de revient. Mais qu'il me soit permis, avant de commencer cet exposé, de rendre ici un public hommage au dévouement avec lequel mes collaborateurs de tous les degrés m'ont secondé, et de les remercier des relations pleines de cordialité et tout affectueuses que nous avons entretenues ensemble et qui nous ont si puissamment aidé à mener à bien la part de travail qui nous était attribuée dans la grande œuvre de l'Exposition. C'est grâce au concours si dévoué de mes amis Charton et Pierron et à la bonne et affectueuse collaboration de nos collègues Escande, Orsatti et Eugène Flachat et de jeunes ingénieurs, de nos futurs collègues, tels que MM. Grosclaude, Archambault, Sacquin, Thuasne et autres, que j'ai pu en moins de trois ans étudier, calculer dans tous leurs détails et faire surveiller comme réception et construction un ensemble d'ossatures représentant un poids d'environ 27 000 t et comportant onze types de fermes tout à fait différents, puis vérifier, contrôler, rectifier en certains endroits et surveiller comme construction, trois types de dômes et de pavillons représentant un poids de plus de 3 000 t, confiés comme études de détails et de résistance à des constructeurs, mais qui tous sont de nos collègues, sont des ingénieurs de premier ordre, tels que MM. Marsaux, Moisant, Moreau et Roussel.

La part faite au Génie civil par M. Alphand, dans l'édification de l'Exposition a donc été grande et belle ; qu'il reçoive ici une nouvelle expression de notre gratitude pour le témoignage de confiance qu'il nous a donné dans cette circonstance.

L'étude, la surveillance et la direction font beaucoup dans l'établissement de constructions aussi grandioses, mais l'exécution en est un élément non moins important, et là encore le Génie civil a apporté à cette œuvre un concours tout à fait exclusif, dont nous devons lui être d'autant plus reconnaissant qu'il a été peu fructueux. La grandeur du but à atteindre, le sentiment que nous avions tous de la période de calme et du bien-être que le succès devait procurer à notre chère patrie ont été les plus puissants stimulants du concours si empressé que nous avons rencontré dans toutes les branches de l'industrie, et ces sentiments de dévouement, que le travail et l'amour du pays peuvent seuls surexciter à un si haut degré, nous les avons trouvés développés dans les chefs comme dans les ouvriers, dont nous ne pourrons jamais assez louer le zèle et l'empressement tout à fait exceptionnel à contribuer au succès qu'il fallait à tout prix remporter.

Les noms des puissantes sociétés de Fives-Lille et de Cail si bien représentées dans notre société par MM. Lantrac, Mathelin, Barbet et Bougault resteront intimement liés au succès obtenu, avec ceux des Gouin, Fouquet, Godfernaux, Bodin, Manguin, Marsaux, Petit, Baudet, Douou, Moisant, Rey, d'Eichtal, de Schryver, Moreau, Yvon Flachat, Adhémar Duclos et Driout, tous des nôtres, et dont les établissements nous ont donné un si précieux et si utile concours. Ce concours n'a pas été moins dévoué du côté des forges et fonderies, où pour presser les livraisons des travaux destinés à l'Exposition, on n'a jamais hésité à négliger des commandes presque toujours plus avantageuses. Que les usines du Creusot, de Fourchambault, de Franche-Comté, de MM. Fould-Dupont, les usines de Montataire, les hauts fourneaux de Maubeuge, de la Providence, de Vézin-Aulnoye, de MM. Sirot-Mallez, qui nous ont prêté leur concours empressé et se trouvent toutes représentées dans notre Société, reçoivent ici une nouvelle expression de tous nos remerciements.

J'aborde, enfin, mes chers Collègues, l'exposé des principes qui nous ont guidés dans l'étude des ossatures des palais de l'Exposition.

L'emploi du fer dans les constructions des charpentes date de loin, mais n'a commencé à prendre une certaine extension que depuis l'établissement des chemins de fer et les progrès réalisés dans le laminage du fer.

L'art de la charpente métallique n'existait pas il y a un siècle; on rencontrait d'habiles serruriers, mais on ne connaissait pas le fer laminé ni les procédés employés depuis pour le couper, le percer et l'ajuster dans des conditions économiques. Les combles du Théâtre-Français furent, il est vrai, établis en fer vers cette époque, mais ce fut en fer forgé et la construction en devint si coûteuse que lorsqu'il s'agit, en 1809, de refaire la coupole de la Halle aux Blés, détruite par un incendie, on se décida à la construire en fonte de fer. Permettez-moi de rappeler à ce propos que les voussoirs en fonte de cette coupole furent fondus dans les établissements du Creuzot situés à Montcenis qui, à cette époque déjà, comptaient parmi les établissements les plus importants du pays.

Le remplacement du bois par le fer s'imposait cependant de plus en plus; le bois, en outre des dangers d'incendie, exige des frais d'entretien considérables et ne se prête pas d'une manière simple et facile à la couverture d'espaces à grandes portées. Et comme la marche en avant de l'humanité est corrélative d'un besoin constant d'accroissement de bien-être dans les masses, de concentration des populations et d'une augmentation considérable dans les dimensions, non seulement des habitations particulières et des rues, mais aussi et surtout des lieux où le public se réunit, on a depuis le commencement de ce siècle eu constamment à se préoccuper des moyens d'augmenter les portées des constructions et de substituer d'une manière économique le fer au bois dans les charpentes.

La première grande transformation que les Ingénieurs ont apportée aux conditions d'établissement des charpentes a été faite par Polonceau dont notre honorable collègue ici présent continue si brillamment les traditions de travail et de progrès dans la grande industrie des chemins de fer. En soutenant les arbalétriers au moyen de bielles en fonte ou fer, il a permis d'augmenter dans une grande proportion la longueur de ces arbalétriers et. par suite, l'ouverture des fermes.

Baltard, en construisant les Halles Centrales, tout en métal, a créé un type nouveau d'architecture qui, lui aussi, a servi de modèle à beaucoup d'édifices du même genre et a été le point de départ de l'établissement d'un grand nombre de halles et marchés, non seulement sur tous les points du territoire, mais aussi à l'étranger.

Mais toutes ces constructions se présentaient dans des conditions d'établissement plus ou moins coûteuses lorsqu'on voulait les appliquer aux grandes portées ; elles exigeaient des travaux de forge et d'ajustage et des façons à faire subir aux pièces de fonte peu compatibles avec la condition d'exécuter vite et à bon marché. La fonte qui se prête parfaitement à la décoration architecturale demande, du fait des modèles, beaucoup de temps pour être fondue et travaillée ; elle exige de grandes précautions dans les coltinages; son emploi doit donc être restreint au strict nécessaire dans les constructions destinées à être élevées rapidement et économiquement.

Les progrès les plus remarquables dans l'établissement des charpentes ont été réalisés dans les constructions de nos Expositions successives de 1855, 1867 et 1878. En 1855 on édifiait sous la direction de Barrault, le premier modèle de ferme en arc métallique à grande portée et l'impression produite par cette nef de près de 50 m fut très grande et servit à son tour de point de départ à l'étude de bien des fermes en arc.

En 1867, de nouveaux progrès sont réalisés en simplifiant les profils donnés aux pièces et les assemblages entre ces dernières. La question d'économie dans le prix d'établissement de la construction jouant un grand rôle, on s'attache de plus en plus, dans l'étude des projets, à éviter les pièces de forges et à substituer le fer à la fonte dans la composition de bien des éléments qu'on était habitué à fabriquer avec cette dernière matière. Le fer se prête, en effet, bien mieux que la fonte à la construction économique de piliers ou supports rigides de grandes dimensions constituant de véritables coffres destinés à servir d'appuis. Il rend, en outre, les assemblages avec les pièces voisines plus faciles et permet de leur donner à peu de frais une rigidité que l'on n'obtient avec la fonte que moyennant des dispositions compliquées et coûteuses.

Il supporte bien plus facilement les vibrations auxquelles les constructions industrielles sont soumises, surtout lorsqu'elles sont exposées à des vents violents; les pièces en fer sont, de plus, d'une fabrication bien plus rapide et exigent bien moins de précautions dans les transports et montages.

M. Krantz a réalisé ces perfectionnements en très grande partie dans ses fermes de 35 m d'ouverture et 25 m sous clef, qu'il projeta pour l'Exposition de 1867. Mais en reportant les tirants au-dessus des arcs, il ne s'est pas complètement affranchi de l'emploi de ces organes qui sont coûteux de fabrication et créent des points faibles dans les constructions par les soudures que leur fabrication comporte forcément.

L'Exposition de 1878 réalise un nouveau progrès ; notre très regretté.

collègue et ancien Président, de Dion, établit pour la galerie des Machines des fermes continues en tôle, arquées dans le haut, droites dans le bas et dans la composition desquelles il n'entre plus de tirants. Ces fermes, d'une ouverture de 35,60 m, donnent sous clef une hauteur disponible de 22 m, et ce n'est pas sans une certaine émotion que j'ai relu l'exposé si clair et si lucide qu'il faisait du haut de ce fauteuil le 5 janvier 1877 de la méthode nouvelle qu'il avait imaginée pour en calculer les dimensions. M. de Dion laissera parmi nous le souvenir de l'un des Ingénieurs qui ont le plus honoré notre profession, et permettez-moi, à ce propos, de rappeler l'extrait suivant de son discours expliquant les développements dans lesquels il entrait, et que je ne puis que m'approprier pour justifier les détails que je crois devoir vous donner à mon tour :

« Si j'ai cru pouvoir vous entretenir, peut-être trop longuement, d'un » sujet spécial, dit-il, c'est que la Société des Ingénieurs civils a joué » dans cette question un rôle considérable qu'il importe de ne pas lais- » ser dans l'oubli. Comme c'est à des Ingénieurs civils, nos collègues » et nos maîtres, qu'appartient l'initiative de l'application sur une » grande échelle du fer dans les constructions, c'est devant vous que » les études théoriques auxquelles ces travaux ont donné lieu, ont été » exposées tout d'abord avec le plus de soins et de détails. »

Les types de construction imaginés par *de Dion* étaient légers, faciles de fabrication et d'un aspect satisfaisant; aussi ont-ils été imités depuis dans un très grand nombre de circonstances. Si nous ne l'avons pas fait, c'est que les données du problème que nous avions à résoudre étaient aussi exceptionnelles que l'époque dont on se proposait de fêter le centenaire et ne s'harmonisaient pas avec les solutions adoptées par notre prédécesseur.

Pour élever, en effet, à la mémoire de nos pères un monument digne en tous points du souvenir qu'il s'agissait de fêter, on avait, comme nous l'avons déjà dit, projeté des palais présentant des dimensions dépassant tout ce qui avait été fait jusqu'à présent, et il s'agissait, pour nous autres ingénieurs, d'étudier et faire exécuter leurs ossatures dans un temps relativement faible, et avec des ressources données *a priori* et qu'on désirait beaucoup ne pas augmenter. Quelques chiffres sont nécessaires pour bien faire ressortir ces différences (1).

Tandis que le cube des bâtiments de l'Exposition de 1878, ayant leurs similaires dans celle de 1889, ne dépasse pas un volume de 2 913 700 m³ pour une surface couverte par ces bâtiments de 225 075 m superficiels, ce qui correspond à une hauteur moyenne de 12,95 m en nombre rond, le cube des trois groupes de palais correspondants construits en 1889 a dépassé 4 378 000 m³ pour une surface totale couverte de 213 397 m superficiels, ce qui correspond à une hauteur moyenne de 20,50 m. Et comme les fermes de 1889 ne devaient, pas plus que celles de 1878, être supportées par des appuis en maçonnerie, il y avait là un sujet de recherches d'autant plus intéressantes à faire que les squelettes de ces différents palais, composés tout en fer et fonte, devaient supporter

(1) Les chiffres indiqués dans le procès-verbal provisoire du 3 janvier n'étant pas définitifs, ceux du présent mémoire doivent être seuls considérés comme bons.

l'action de charges accidentelles plus considérables que celles admises en 1878. La dépense, en 1878, s'était élevée à une somme de 13 092 000 *f* pour un tonnage fourni de 27 870 *t*, ce qui, par tonne, répondait à une dépense moyenne de 47 *f* par cent kilogrammes, un poids au mètre carré couvert de 123 *k* et un poids moyen au mètre cube abrité de 9,56 *kg* de fontes et ferrures; on ne voulait pas dépasser, en 1889, pour le métal, une somme beaucoup plus forte.

Les portées et hauteurs des fermes de 1878 répondaient à sept types, définis par des portées de 35 *m*, 25 *m*, 15 *m*, 12 *m*, 7 *m* et 5*m*, et caractérisés par des hauteurs sous clef de 22 *m*, 12,50 *m* et 7 *m*.

En 1889, nous avons eu à étudier la composition de 11 fermes de 114 *m*, 51 *m*, 30 *m*, 25 *m* et 15 *m*, avec des hauteurs sous clef de 45 *m*, 28,20 *m*, 23,47 *m* et 13,20 *m* pour les fermes de 25 *m*.

Pour aller vite, procéder sûrement à une répartition rationnelle de la matière, pouvoir répondre de la stabilité de la construction et obtenir des prix avantageux, il fallait imaginer des dispositions ne comportant que des calculs simples, n'admettre que des hypothèses dont la réalisation fût assurée, composer les éléments de la construction avec des fers de qualité courante, ne subissant que le minimum possible de main-d'œuvre, et, surtout, n'ayant pas à supporter un mode de travail incompatible avec leur qualité physique, et n'adopter enfin, dans le travail des fers, que des façons dont la bonne exécution pût être facilement vérifiée.

Les hypothèses simples sont les seules dont la réalisation soit assurée et auxquelles répondent des profils de fermes toujours satisfaisants au point de vue de l'aspect parce qu'elles conduisent à des formes dont on comprend la raison d'être. C'est pour cette raison que nous n'avons admis, dans nos études, que ce genre d'hypothèses.

Au point de vue de la construction, nous avons considéré que la suppression des tirants s'imposait sous le double rapport de l'économie et de la sécurité. Lorsque les tirants sont fabriqués en fer rond, il faut, en effet, pour les assembler aux arbalétriers, des chapes, des parties filetées, des écrous, boulons et autres organes qui, en plus de façons coûteuses, forcent à composer les tirants de morceaux soudés l'un à l'autre, ce qui crée des chances d'accidents pour chacune de ces soudures, qui peut venir à manquer à un moment donné. La présence des tirants diminue l'importance des dimensions à donner aux appuis, mais il est facile de démontrer qu'à partir d'une certaine portée, l'économie est tout entière dans le renforcement des appuis. Cette suppression permet de plus de dégager les parties hautes de la ferme de tout obstacle créé à la vue et prête à des motifs de décoration qu'on est souvent bien aise de se réserver. Nous nous sommes attachés, en outre, à composer nos poutres de manière à n'avoir à faire subir aux pièces aucune inflexion ou travail quelconque de forge ; cette manière de procéder force à interposer des fourrures dans les vides laissés entre les pièces placées les unes sur les autres, mais l'accroissement de poids qui en résulte est largement compensé par la diminution du prix unitaire de la matière du fait de la main-d'œuvre.

Nous étant trouvés, dans les projets de fermes à grandes portées que nous avions à étudier, en présence de profils incompatibles avec les hypothèses faites dans l'établissement des formules sur les poutres courbes, sur la continuité dans les sections et sur les rapports plus ou moins grands qu'il faut conserver entre leurs épaisseurs et les rayons de courbure de la fibre moyenne, nous n'avons pas fait usage dans nos calculs de ces formules, et nous avons été d'autant plus engagés à procéder ainsi que nous ne pouvions pas compter davantage sur une fixité absolue des supports sur lesquels on appuyait les constructions, et cela, à cause des nombreux remaniements que le sol du Champ-de-Mars a subis dans ce siècle. Pour ne pas avoir à appliquer les formules sur les poutres courbes, dans le calcul de nos fermes, nous avons substitué aux poutres continues, formant généralement la ferme, un système constitué simplement par deux volées de grues articulées à leur pied et venant buter l'une contre l'autre par l'intermédiaire d'une troisième articulation. Cette disposition, qui a l'avantage de rendre le calcul des efforts dans chaque section extrêmement simple, facile et rapide, permet de procéder à une répartition rationnelle et sûre de la matière; elle présente en outre le très grand avantage de ne pas correspondre à une augmentation sensible des fatigues moléculaires dans les pièces de l'ossature, lorsqu'une dénivellation légère se produit dans les appuis, ou qu'il survient une modification dans la température du milieu renfermant la construction. Elle exige, par contre, quelques compléments dans les contreventements; mais ces précautions sont peu de chose à côté de l'économie qu'on peut réaliser par suite d'une répartition rationnelle et absolument sûre de la matière.

C'est en nous conformant à ces principes que nous avons étudié les détails de construction des fermes de 115 *m* et de 51 *m*. Un malentendu dans la construction des fondations des fermes de 51 *m*, qui se sont trouvées établies avant l'étude de l'ossature métallique et insuffisantes pour résister à la poussée des fermes, a conduit à réunir les pieds de ces dernières par un tirant placé sous le sol. Mais ce tirant aurait pu être supprimé très facilement moyennant une faible transformation dans les fondations, si cette transformation avait été encore possible.

Les fermes de 25 *m* et celles de 30 *m* aboutissant à la galerie des Machines ont été étudiées en s'imposant la condition de faire simplement reposer sur leurs appuis le système constituant les deux rampants de la ferme. Cette hypothèse amène à renforcer les dimensions de la ferme longitudinale dans la section milieu qui se trouve être alors la plus fatiguée, mais elle n'est pas incompatible, loin de là, avec un effet architectural agréable et permet de dégager toute la partie haute de l'espace abrité par la ferme; les spécimens construits dans le Champ-de-Mars montrent qu'au point de vue de l'aspect, ce type de construction peut donner toute satisfaction. Il conduit, pour la ferme proprement dite, à un excédent de poids sur la disposition avec tirants et contrefiches, mais le prix unitaire de la pièce ainsi constituée est moindre, et l'absence des soucis sur la rupture possible des soudures ajoute à ce système un avantage qui n'est pas à dédaigner.

Le peu de temps dont on disposait pour l'étude et l'exécution des nombreuses et importantes charpentes métalliques qui devaient être édifiées dans le Champ-de-Mars faisait de cette simplicité dans les hypothèses et dans le mode de construction une nécessité de premier ordre. Les résultats obtenus ont été on ne peut plus satisfaisants, et les types produits, à la hauteur du but à atteindre sous le double rapport de l'aspect et de la solidité, tellement il est vrai que tout ce qui accuse la vérité et essaye de réaliser la stabilité par les procédés les plus simples conduit forcément au beau et au rationnel.

Les chiffres qui suivent montrent combien, tout en assurant une parfaite stabilité aux constructions, les solutions adoptées ont justifié nos prévisions économiques, en même temps qu'elles donnaient satisfaction aux exigences architecturales et artistiques.

Le palais des Machines couvre un espace totale de 62 013 m^2 et comporte une surface de 17 235 m^2 de planchers de galeries. Son ossature métallique a exigé la fourniture et la mise en place d'un poids de 12 765 795 kg de fontes et ferrures ayant coûté 5 443 208 f en nombre rond; le poids au mètre carré couvert est donc revenu à 208 kg et comme le volume abrité par ce palais représente 2 019 000 m^3, le poids du métal par mètre cube abrité représente 6,32 kg.

Mais il y a lieu de remarquer que le poids des verrières est considérable et que celui des galeries latérales, avec un étage, dont le plancher a été calculé pour supporter 500 kg par mètre carré, est lui-même très grand. Si on ne considère que *la grande nef constituée* par ses fermes et toute son ossature, on trouve un poids de 7 713 832 kg répondant pour une surface couverte de 48 119 m^2 à un poids par mètre carré de :

$$160,30 \ kg$$

et pour un volume abrité de 1 738 688 m^3 à un poids par mètre cube de :

$$4,40 \ kg.$$

Le prix moyen de la construction s'étant élevé à 42 centimes 4 le kilogramme, le prix du mètre couvert de la nef centrale ne ressort qu'à :

$$67 \ f.$$

En 1878, la galerie des machines couvrait 45 924 m^2 et abritait un volume de 904 702 m^3 ; elle comportait un poids de 7 600 t de fontes et ferrures ayant coûté 4 210 000 f, soit 55,40 f par kilogramme ; elle est donc revenue à :

165 kg par mètre courant coûtant 91,40 f et à 8,40 kg par mètre cube abrité.

Les conditions de résistance étant établies dans l'hypothèse d'une surcharge de neige de 50 kg par mètre carré de couverture et d'un vent de 120 kg par mètre carré de section normale à sa direction, on reconnait, à l'examen de ces chiffres combien la répartition des matières a dû être rationnelle et le mode de construction adopté facile d'exécution, pour que toute compensation faite, l'avantage reste acquis au palais de 1889. Le progrès en avant qu'on se proposait de réaliser l'a donc été, et il a été obtenu en témoignant simplement une confiance de plus en plus grande aux vérités éternelles enseignées par la science.

Les palais abritant les industries diverses couvrent une surface de 106 284 m^2 dont 2 800 comportent des caves. Le poids total du métal entrant dans la construction de ces ossatures représente 9 357 140 *kg* ayant coûté en moyenne 33 *f* les 100 *kg*. Le volume total abrité par ces bâtiments étant de 1 328 990 *m³*, il résulte de ces chiffres qu'à chaque mètre carré de ces palais répond une moyenne de 88 *kg* de métal représentant une somme de 29,79 *f* et qu'à chaque mètre cube abrité répond un poids de 7,04 *kg*.

Si de ces chiffres on défalque le dôme central dont la construction représente un poids de 1 046 406 *kg* pour une surface avec ses annexes de 1 794 *m²*, soit de 572 *kg* par mètre carré couvert et un poids de 17,56 *kg* par mètre cube abrité, puis les pavillons d'angles auxquels répondent un poids au mètre carré couvert de 1 002 à 1 142 *kg* et des poids au mètre cube abrité de 47 et 50 *kg* on ne trouve plus que :

162 kg au mètre carré couvert et 7,15 *kg* au mètre cube abrité par la galerie de 30 *m* conduisant au palais des Machines et dont la hauteur moyenne est de 22,60 *m;*

110 kg au mètre carré couvert et 6,70 *kg* au mètre cube abrité pour les galeries de 15 *m* à fermes circulaires dont la hauteur moyenne est de 16,40 *m;*

72 *kg* au mètre carré couvert et 6,40 *kg* au mètre cube abrité pour les fermes de 25 *m* auxquelles répond une hauteur moyenne de 11,25 *m;*

Et moins de 60 kg au mètre carré couvert pour les fermes de 15 *m* à 2 rampants.

En 1878, les industries diverses recouvraient 145 078 *m* et abritaient un volume de 1 399 818 *m³* ; elles ont comporté la mise en œuvre de 13 832 *t* de fontes et ferrures ayant coûté 5 172 000 *f* soit 37,4 *f* le kilogramme.

A ces chiffres répondent un poids moyen au mètre carré couvert de 96 *kg* et un poids au mètre cube abrité de 9,88 *kg*. Il y a lieu de remarquer en outre que la presque totalité de la surface de cette partie du palais se trouvait sur des caves recouvertes d'un plancher en fer.

Mais il n'en est pas moins vrai que si l'on rappelle que la hauteur moyenne de ces constructions n'a pas dépassé 9,6 *m*, tandis que celle des nos industries diverses est de 12,50 *m* et comporte des parties extrêmement lourdes, on reconnaît que là encore les principes appliqués sont tout en faveur de 1889.

Les palais des Beaux-Arts et des Arts libéraux, enfin, recouvrent une surface totale de 45 100 *m²* superficiels comportant 21 212 *m²* de planchers pour les galeries du premier étage, devant pouvoir supporter 500 *kg* par mètre carré et 1 600 *m* de caves recouvertes également de planchers calculés pour les mêmes charges.

La hauteur moyenne des constructions de ces palais est de 22,85 *m* et le cube abrité, en y comprenant les Dômes, de 1 030 583 *m³*. Ils ont coûté, du fait du métal, environ 3 581 699 *f*, soit en moyenne 0,39 *f* par kilogramme.

Le poids des Dômes et de leurs annexes est de 2 179 794 *kg*, ce qui répond pour les 8 784 mètres carrés couverts à un poids par mètre de 248,26 *kg* et un poids par mètre cube abrité de 11,74 *kg*.

Le poids des salles et galeries est de 6 939 551 *kg*, ce qui, pour une surface de 36 320 *m*, représente un poids au mètre carré couvert de 191 *kg*, et un poids par mètre cube abrité de 8,2 *kg*. Ce genre de construction se trouve donc caractérisé par un poids moyen au mètre carré, compris les dômes, de 202 *kg* et un poids par mètre cube abrité de 8,85 *kg*. Le mètre carré couvert ne revient, du fait du métal, qu'à 78,87 *f*.

Aucune construction similaire n'ayant été élevée dans l'enceinte du Champ-de-Mars au moment de l'Exposition de 1878, nous ne pouvons que faire remarquer combien ces chiffres, eu égard à la hauteur moyenne considérable de ces constructions et à l'importance qu'y jouent les planchers et les dômes, se trouvent relativement faibles. Les pavillons des Beaux-Arts n'avaient en 1878 qu'une hauteur moyenne de 10 *m*, il n'y a donc pas, comme nous le disions, de comparaison à établir avec eux.

En résumé, il résulte de ces chiffres que les bàtiments qui ressortaient du service des constructions métalliques ont représenté un poids total de 31 242 280 *t* en nombre rond, recouvrant une surface de 213 397 *m*² et abritant un volume total de 4 378 759 *m*³, ce qui répond à une hauteur moyenne de 20,50 *m*. Ils coûteront 12 151 218 *f* du fait du métal, c'est-à-dire qu'ils ne reviendront pas à beaucoup plus de 0,38 *f* comme prix moyen des fontes et ferrures mises en place.

Le poids moyen du mètre carré couvert de l'ensemble de ces constructions aura donc été de 146 *kg* et son prix de 56,92 *f*. Le poids du mètre cube moyen abrité ne se sera élevé qu'à 7,13 *kg*.

En 1878 on a employé, comme nous l'avons déjà dit, pour la construction des bàtiments similaires recouvrant une surface de 225 075 *m*, et cubant 2 913 694 *m*, ce qui répond, à une hauteur moyenne de 12,94 *m*, au poids de 27 870 *t* ayant coûté 13 092 000 *f*, soit 47 *f* en moyenne. Le poids moyen du mètre carré couvert a donc été de 123 *kg* et le prix de 58,20 *f*. Quant au poids du mètre cube abrité, il a été de 9,56 *kg*.

L'avantage reste donc bien acquis à l'Exposition de 1889.

Nous avons essayé, en apportant notre modeste concours à l'homme éminent auquel incombait la belle mais redoutable mission de construire notre magistrale Exposition, de répondre de notre mieux au témoignage de confiance qu'il donnait ainsi au Génie civil. La responsabilité à encourir était grande, car les souvenirs de 1878 étaient là encore tout vivants; notre Société n'avait pas seulement contribué comme toujours à cette époque au succès même de l'Exposition, elle y avait été de plus très brillamment représentée par notre excellent collègue M. Bourdais et notre ancien Président de Dion dans le haut état-major chargé de la construire. Il fallait maintenir notre bonne renommée et, si possible, contribuer à l'accroître.

Grâce au concours de nos amis et collaborateurs et à celui de tous ceux d'entre vous qui, ayant été appelés à participer à nos travaux, se sont laissé entraîner, par la grandeur du but à atteindre, à nous aider non plus en entrepreneurs mais en amis, nous avons atteint le but assigné à nos efforts : nous sommes arrivés dans les délais prescrits et n'avons pas dépassé les crédits alloués, tout en aidant à réaliser des constructions marquant une nouvelle étape en avant.

Le succès très grand remporté par le Génie civil dans l'édification de cette œuvre, il le doit uniquement au travail. C'est le travail qui fait notre force et c'est le travail qui nous donne les plus belles récompenses que nous puissions ambitionner, en nous faisant éprouver le sentiment de très grande fierté du devoir accompli et la douce satisfaction de gagner l'estime et l'amitié de nos amis. Encourageons et honorons donc le travail, car c'est lui qui nous procure les moyens les plus sûrs de rendre heureux ceux qui nous entourent et qui permet à chacun de nous de contribuer dans la mesure de ses forces et de ses moyens à la grandeur et à la prospérité de la patrie. *(Bravo ! Bravo ! applaudissements prolongés.)*

www.ingramcontent.com/pod-product-compliance
Lightning Source LLC
Chambersburg PA
CBHW060512200326
41520CB00017B/5010